Winfried Weber

DIE ANFÄNGE DER FRÜHCHRISTLICHEN KIRCHENANLAGE IN TRIER

Führungsheft zu den Ausgrabungen
unter dem Gebäude der Dom-Information

paulinus

INHALT

GRABUNGEN

Nachdem das Trierer Domkapitel den Garten der „Kurie von der Leyen", südlich des Domfreihofes und westlich der Liebfrauenkirche gelegen, im Jahre 2000 als Ort einer „Dom-Information" ausgewählt hatte, waren, wie so oft im Bereich der antiken Stadt Trier, die Archäologen gefragt. Die ersten wissenschaftlichen Untersuchungen zur Geschichte der Trierer Domkirche hatte bereits in der Mitte des 19. Jahrhunderts der Trierer Domkapitular Johann Nikolaus v. Wilmowsky unternommen. Eine umfangreiche Dokumentation seiner Beobachtungen, die er im Domin-

nern und an den Außenwänden des Domes machte, publizierte der gelehrte Domkapitular bereits 1874.

Die um 1900 erfolgte Domrenovierung war Anlass für weitere Untersuchungen, über die aber nur in Kurzberichten berichtet wurde. Bemerkenswert sind hingegen die 1943 bei Anlage eines Löschwasserbeckens auf dem Domfreihof entdeckten Baubefunde, die Theodor K. Kempf als Teil der frühchristlichen Bischofskirche interpretierte. Die seit 1945 im Dominnern, auf dem Domfreihof, aber auch im Kreuzgang, im Garten des Bischofshofes und in der Liebfrauenkirche, der Liebfrauenstraße sowie im Garten der „Kurie von der Leyen" unternommenen Ausgrabungen führ-

Abb. 1: Grabungsbereich unter der „Dom-Information". Blick nach Nord. Im Vordergrund Apsis und Estrich des „Apsidenraums".

ten zu der aufsehenerregenden Entdeckung des frühchristlichen Kirchenkomplexes der spätantiken Kaiserresidenz Trier, von Kempf als „Doppelkirche" bezeichnet. Wesentliche Ergänzungen brachten die während der Domrenovierung von 1960–1974 durchgeführten archäologischen und bauhistorischen Untersuchungen. Baumaßnahmen in der „Kurie von der Leyen" ermöglichten in den Jahren 1980/81 neue archäologische Untersuchungen in den Kurienkellern sowie im umgebenden Gartengelände. Hierbei wurden weitere aufschlussreiche Baubefunde der frühchristlichen Kirchenanlage entdeckt, die zu einer Korrektur der bisherigen Vorstellungen Anlass gaben, wenn auch viele Fragen wegen der meist nur auf kleine Flächen beschränkten Untersuchungen noch offen blieben. Umso bedeutungsvoller wurden die Grabungen auf dem Domfreihof, die als Vorbereitung zur Neugestaltung dieses Platzes vom Bischöflichen Museum in den Jahren 1992–1995 durchgeführt werden konnten; diese großflächigen Grabungen erlaubten nunmehr ein exakteres Studium der Schichtenfolgen. Aufgrund dieser Voruntersuchungen war also sicher, dass auf dem Bauplatz der „Dom-Information" umfangreiche Baureste zu erwarten waren, die zu jener großen Kirchenanlage gehören, die im Laufe des 4. Jahrhunderts n. Chr. errichtet wurde und noch heute in den beiden unmittelbar nebeneinander stehenden Kirchen, dem Dom und der Liebfrauenkirche, weiterlebt, seit 1986 beide zum UNESCO-Weltkulturerbe zählend. Durch die von 2000–2003 durchgeführten Grabungen wurden die bereits früher festgestellten Baubefunde kontrolliert und großflächig neue Flächen freigelegt. Die Baubefunde erwiesen sich als so bedeutsam, dass sich das Trierer Domkapitel entschloss, Teile der Grabung unter großem Kostenaufwand konservieren zu lassen, um den Grabungsbereich zugänglich zu halten, denn schließlich sind die Baureste nicht nur Zeugnisse der frühen Trierer Kirchengeschichte, sondern gewähren zugleich einen Einblick in die Entwicklung des christlichen Kirchenbaues des 4. Jahrhunderts. (Abb. 1)

Eine archäologische Grabung soll die Geschichte eines Platzes möglichst umfassend erforschen. Hierzu gehört eine sorgfältige Dokumentation aller aufgedeckten Befunde (Erdschichten, Pfostenlöcher und Gruben, Mauern und Estriche) und aller Funde (Objekte jeder Art: Scherben, Hölzer, Knochen, Metallgegenstände und Münzen). Die übereinanderliegenden Schichten und Fußböden, die „geschichtete Geschichte" des Grabungsareals, sind von der Geländeoberfläche an exakt zu vermessen, zeichnerisch und fotografisch aufzunehmen und auch jede, zunächst als unbedeutend erscheinende Kleinigkeit zu beschreiben, denn jede abgetragene Erdschicht, jeder beseitigte Fußboden oder Mauerrest bedeutet die Zerstörung eines historischen Befundes. Die Geländeoberfläche des Gartens der „Kurie von der Leyen" lag etwa in Höhe des heutigen Fußbodens der „Dom-Information". Schon bei der Abtragung der oberen Schichten aus Gartenerde zeigten sich Pflanzgruben, Gräben, Beeteinfassungen und Gebäudereste. Es kamen massive Bruchsteinmauern zutage, die unmittelbar auf dem antiken Estrich der „Südwestbasilika" aufgesetzt sind. Unter diesem Estrich liegen Reste römischer Häuser mit ihren teilweise ausgemalten Kellern, deren Mauern in den anstehenden Boden eingetieft sind. Alle diese übereinanderliegenden Schichten und Mauern erzählen die Geschichte dieses Platzes.

DIE FRÜHE CHRISTENGEMEINDE IN TRIER

Die Trierer Legende will wissen, dass einst Helena, die Mutter Kaiser Konstantins, ihren Palast dem Bischof Agritius schenkte, um ihn in eine Kirche umwandeln zu lassen. Sichere historische Kunde über die frühchristliche Gemeinde Triers ist durch die Teilnahme ihres Bischofs Agritius am Konzil in Arles im Jahre 314 gegeben. Indessen wird Agritius in der Trierer Bischofsliste bereits an vierter Stelle genannt; die ersten Bischöfe Eucharius und Valerius, deren Gräber sich auf dem südlichen Gräberfeld der antiken Stadt finden und noch heute in der Krypta der St. Matthiasbasilika verehrt werden, müssten demnach schon im letzten Viertel des 3. Jahrhunderts in der Trierer Gemeinde gewirkt haben. Zeitgenössische Nachrichten über diese Zeit sind jedoch nicht überliefert, dennoch wüsste man gerne, wo sich damals die Gemeinde versammelte, zu einer Zeit, als es noch keine großen Kirchenbauten zur Feier der Gottesdienste gab, denn bei den Christen hieß es: *„Gott, der die Welt erschaffen hat und alles in ihr, ... wohnt nicht in Tempeln, die von Menschenhand gemacht sind“* (Apostelgeschichte 17, 24–25). Es galt vielmehr das Bibelwort: *„Wo zwei oder drei sich in meinem Namen versammeln, da bin ich mitten unter euch“* (Matthäus 18,20). Man versammelte sich in den Häusern der Gemeindemitglieder und feierte dort Gottesdienst. In Rom beantwortete der im Jahre 165 hingerichtete christliche Philosoph Justin im Verhör die Frage des Präfekten Rusticus nach dem Versammlungsort: *„Dort, wo ein jeder will und kann, auch wenn du sicher meinst, wir würden alle an demselben Ort zusammenkommen. Denn der Gott der Christen ist nicht auf einen bestimmten Ort eingeschränkt. Unsichtbar ist er und erfüllt Erde und Himmel. Darum kann er von seinen Getreuen überall angebetet und verherrlicht werden“* (Martyrium Iustini 3,1). So mag es auch in Trier gewesen sein, ehe man nach Beendigung der letzten Christenverfolgung durch das Edikt von 311 und durch die Vereinbarung der Kaiser Licinius und Konstantin 313 in Mailand den Christen die freie Kultausübung zugestand und verfügte, dass *„den Christen die gottesdienstlichen Stätten (conventicula) in früherem Zustande zurückgegeben"* werden müssten (Lactantius, De mortibus persecutorum 48,12–13). So vielleicht auch in Trier, denn während der letzten großen, 303 begonnenen Christenverfolgung habe Constantius Chlorus, der Vater Konstantins, in seinem Herrschaftsbereich mit der Hauptresidenz Trier die Christen nicht hinrichten, sondern nur ihre Versammlungsräume (*conventicula*) zerstören lassen (Lactantius, De mortibus persecutorum 15,7). Insbesondere Konstantin förderte ab 313 den Bau neuer christlicher Kultgebäude, ließ im Laufe seiner Regierung in Rom und später auch im Heiligen Land, in

Abb. 2: Solidus des Constantin I., 316 in Trier geprägt.

Konstantinopel und andernorts monumentale Kirchenbauten errichten. In dieser Zeit liegen auch die Anfänge der Trierer Kirchenanlage, die um 380 n. Chr. in ihrem „Endausbau“ zwei römische Häuserinsulae und eine Fläche von 12.500 qm bedeckte; sie war damit nach St. Peter in Rom die zweitgrößte Kirche des 4. Jahrhunderts. (Abb. 2; vgl. Abb. 21–22)

DIE ANFÄNGE

Das Gelände des Trierer Dombereichs liegt auf der mittleren Niederterrasse der Trierer Talweite. Erst als das Stadtareal der Augusta Treverorum in der Mitte des 2. Jahrhunderts auch nach Nord erweitert wurde, wurden auch hier im ehemaligen Vorgelände der Stadt das römische Straßennetz angelegt und die neu entstandenen Insulae nach und nach bebaut. Die Wohnbauten im Bereich der „Kurie von der Leyen“ befinden sich im südöstlichen Teil einer Insula, nach Süd von einem *decumanus*, nach Ost von einem *cardo* begrenzt. Beide Straßen waren ursprünglich etwa 17,20 m breit und wurden später durch die Anlage von Portiken verschmälert. Nur an wenigen Stellen wurden bei den Grabungen die ältesten Siedlungsschichten erfasst, die sich in mehrere Ausbauphasen (I a–I d) gliedern lassen. (Abb. 3)
Zur Struktur der Gebäude sind aufgrund der lückenhaften Befunde nur eingeschränkt verlässliche Aussagen möglich. An einigen Stellen sind auf lange Strecken zu verfolgende Mauerzüge oder Mauerfluchten als Haus- oder Grundstücksgrenzen nachzuweisen, die lange Zeit bestanden. In Ost-West-Richtung betragen die Parzellenbreiten etwa 19,50 m; in Nord-Süd-Richtung wurden unterschiedliche Grundstückstiefen von etwa 9 m bis 25,50 m festgestellt. Die Häuser entsprechen dem in den nordwestlichen Provinzen häufig belegten Wohnhaustyp des „Streifenhauses“. Die Mauerstärken der teilweise be-

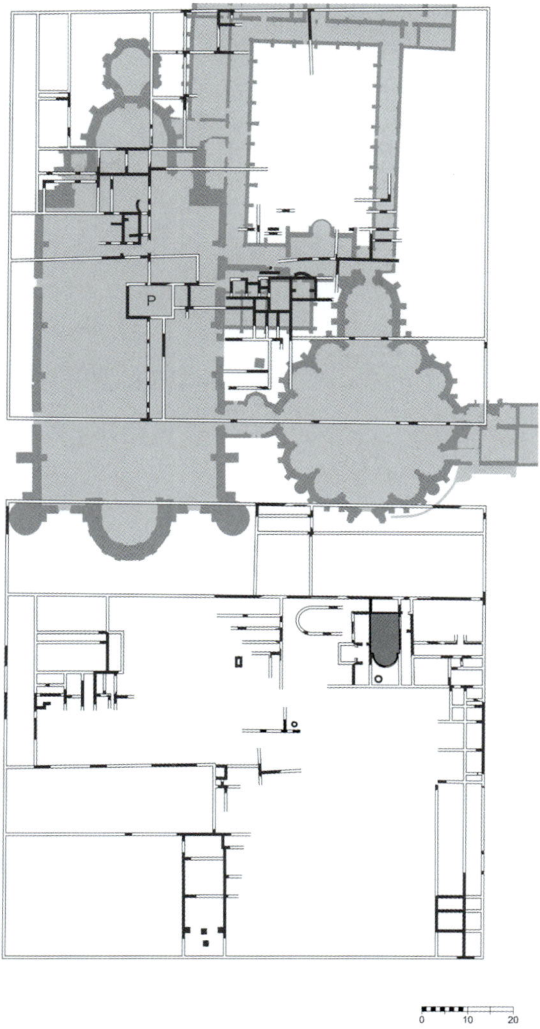

Abb. 3: Grundriss mit Darstellung der „Wohnhausperiode".
Auf der westlichen Insula „Apsidenraum", auf der östlichen Insula im Bereich des Domes der sogenannte „Prunksaal" (P) mit dem constantinischen Deckengemälde.

Abb. 4: Ausgemalte Hauskeller, Blick nach Nordost. Die beiden aneinanderstoßenden, von Ost nach West verlaufenden Mauern bezeichnen eine Haus- oder Grundstücksgrenze. Der später in der Kirchenbauphase darauf gesetzte, aber abgebrochene Säulenschaft könnte eine Tischstütze gewesen sein.

heizbaren Räume erlaubten in manchen Fällen auch ein Obergeschoss. Im hinteren Bereich lagen Höfe oder Gärten, die beim weiteren Ausbau oft überbaut oder verkleinert wurden. Bemerkenswert sind die Hauskeller: Da die Scheitelhöhen der Kellergewölbe höher als das Außenterrain liegen, war durch Fensterschächte eine Beleuchtung der verputzten und ausgemalten Keller möglich und eine Art Gebäudesockel entstanden. (Abb. 4)
Reste von Sockeldekorationen, bemalte Wand- und Deckenputzstücke sowie Mosaikfragmente lassen durchaus einen gewissen Wohnluxus erkennen; es gab keine Hinweise gewerblicher Nutzung. In der zweiten Hälfte des 3. Jahrhunderts wurden vor allem im westlichen Bereich der Insula einige Wohnräume aufgegeben und einplaniert. Besonders bemerkenswert ist die Umgestaltung einer Zimmerflucht mit der Einrichtung eines 5,70 m breiten und 10,92 m langen beheizbaren Apsidenraumes. (vgl. Abb. 1 und 3) Er gehört zu einem etwa 450 qm großen Haus in der Südostecke der Insula, das aufgrund des Bauopfers (in den Kellerboden eingegrabenes Gefäß

mit Knochenresten und einer in den Jahren 138–161 geprägten Münze) bereits in der zweiten Hälfte des 2. Jahrhunderts errichtet wurde und mehrere Umbauten erfuhr. Da unter dem Apsisestrich zwei in den Jahren 270–274 geprägte Münzen lagen und Material des 4. Jahrhunderts fehlt, dürfte der Apsidenraum noch im 3. Jahrhundert entstanden sein; seine Mauern und sein Fußboden verraten indessen nichts über seine Funktion.

DIE „SÜDWESTBASILIKA"

Mit der Niederlegung und Planierung der bisherigen Wohnbauten entstand ein mindestens 1500 qm großer Bauplatz für ein neues basilikales Gebäude, bestehend aus einem dreischiffigen westlichen Teil und einer sich

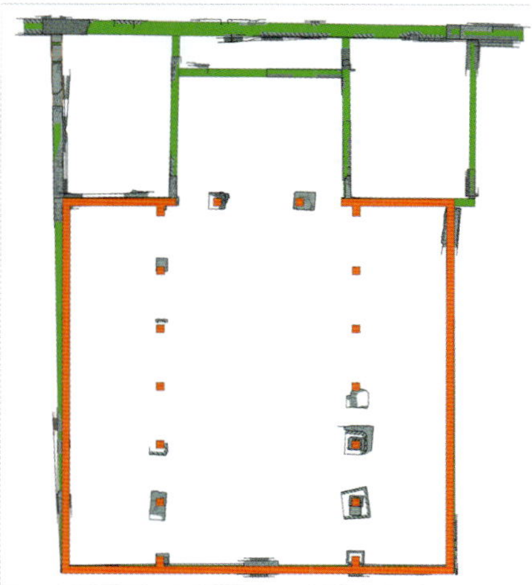

Abb. 5: Grundriss der „Südwestbasilika". Im Bereich der Nordwand ist die tatsächliche Bauausführung grün bezeichnet, die Idealplanung orange. Deutlich erkennbar ist im Verlauf der Nordwand ein „Messfehler" zu erkennen, da man bei der Anlage des „Schnurgerüstes" in der Nordostecke des linken (nördlichen) Seitenschiffs die Innen- mit der Außenkante der Mauer verwechselte.

östlich anschließenden „Dreiraumgruppe“. An der Westwand dieser „Südwestbasilika“ beträgt die von Außenkante zu Außenkante gemessene Breite 100 römische Fuß (29,70 m), die Raumlänge von der Westwand bis zur Ostwand der „Dreiraumgruppe“ etwa 122 Fuß (36,20 m). (Abb. 5) Das nördliche Seitenschiff ist 23 Fuß (6,80 m) breit, das südliche Seitenschiff mit 22 Fuß (6,50 m) etwas schmäler. Das Mittelschiff ist – von Lisenenkante zu Lisenenkante gemessen – etwa 47 2/3 Fuß (14,14 m) breit. Zwei Arkadenreihen mit jeweils 5 Säulen – alternierend mit kannelierten oder glatten Säulenschäften – teilen das

Abb. 6: Wiederaufgestellte Säule mit Basis, kanneliertem Marmorschaft und Kalksteinkapitell. Aus verschiedenen Stücken zusammengesetzt; Orginallänge des Säulenschaftes von etwa 4,50 m (= 15 röm. Fuß) nicht rekonstruiert.

Abb. 7: Wiederaufgestellte östliche Säule der nördlichen Stützenreihe; anlaufender Estrich und Fragment eines Arkadenbogens mit Verputz und Farbfassung. Blick nach Nordwest.

flach gedeckte, einst wohl 50 Fuß (14,85 m) hohe Mittelschiff und die nach Ost mit einer Wand glatt abschließenden Seitenschiffe. Während die marmornen Säulenschäfte Spolien sind, wurden die Kapitelle und Basen aus Kalkstein neu angefertigt. (Abb. 6 und 7) Den Übergang vom Mittelschiff zum mittleren Raum der sich nach Ost anschließenden, um zwei oder drei Stufen höher liegenden „Dreiraumgruppe" markierte einst ein Dreierbogen mit breiter Mittelarkade und zwei schmalen Seitenbögen. Zu beiden Seiten des Mittelraums befand sich jeweils ein Nebenraum, wie auch der Mittelraum nach Ost mit einer geraden Wand abschließend. Die verputzten Raumdecken waren mit geometrischen Mustern und Pflanzende-

Abb. 8: Rekonstruktion der Mittelschiffsdecke der „Südwestbasilika" mit dem sogenannten Oktogonsystem II.

kor bemalt. (Abb. 8) Einzelne Raumteile waren zudem mit einer Fußbodenheizung ausgestattet. (vgl. Abb. 17)
Die Mittelachse der „Südwestbasilika“ ist offensichtlich an der Nordwand des „Apsidenraums“ der Phase I d orientiert und bestimmt somit die Lage der „Südwestbasilika“. Zudem weist der Mittelraum der „Dreiraumgruppe“ exakt die doppelte Breite des „Apsidenraumes“ auf! Auch die Beibehaltung der ehemaligen Ostwand des „Apsidenraumes“ und ihre Verlängerung als neue Ostwand der „Dreiraumgruppe“ sprechen ebenfalls für eine bewusste Bezugnahme. (Abb. 9) Das Fundmaterial aus den Kellerverfüllungen der Wohnhäuser, aus den

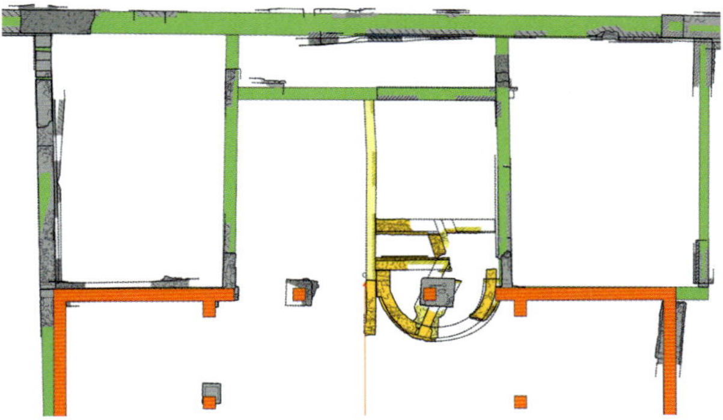

Abb. 9: Grundriss des Rechteckchores der „Südwestbasilika“ und Lage des „Apsidenraums“.

Fundamentgräben und aus den Schichten unter den Fußböden der „Südwestbasilika“ gestattet eine Datierung dieser Bauphase. Es handelt sich nämlich um Keramik des 3. Jahrhunderts und eine 310–311 geprägte Münze des Konstantin I. sowie drei weitere, im Jahre 316 geprägte Münzen des Kaisers aus den Planierungen unter den Fußböden; da in den Schichten kein Material aus den 20er Jahren des 4. Jahrhunderts gefunden wurde, ist demgemäß die Phase II a mit der Errichtung der „Südwestbasilika“ in die Zeit nach 316 und vor 320 zu datieren. (Abb. 10)

Abb. 10: Rekonstruktion der „Südwestbasilika". Blick nach Ost.

Weder der Baubefund noch ein Fundstück aus der „Südwestbasilika" liefern zunächst einen eindeutigen Hinweis auf ein christliches Kultgebäude. Nach Eusebius hatte Kaiser Konstantin die Bischöfe aufgefordert, dass man auf den Bau der Kirchen *„alle Sorgfalt verwende und die bestehenden entweder wiederherstelle oder größer mache oder aber, wo es nötig ist, ganz neue baue"* (Eusebius, Vita Constantini 2, 46). So mag dies auch in Trier geschehen sein, denn vielleicht war auch das Haus mit dem „Apsidenraum" schon für Gottesdienste genutzt

worden, ehe Bischof Agritius hier seine neue Kirche bauen ließ. Dazu wurden die benachbarten Hausgrundstücke erworben, um – ausgehend vom „Apsidenraum" – die „Südwestbasilika" zu errichten.
Ein kirchliches Gebäude mit identischem Grundriss bietet die in der Mitte des 4. Jahrhunderts errichtete Basilika in Zilil/Marokko. Es handelt sich auch hier um eine dreischiffige Basilika mit dreiteiligem, durch eine Säulen- oder Pfeilerstellung vom Mittelschiff abgegrenztem rechteckigem Sanktuarium; auch ein Baptisterium ist nachweisbar. (Abb. 11) Die Übereinstimmungen sind so

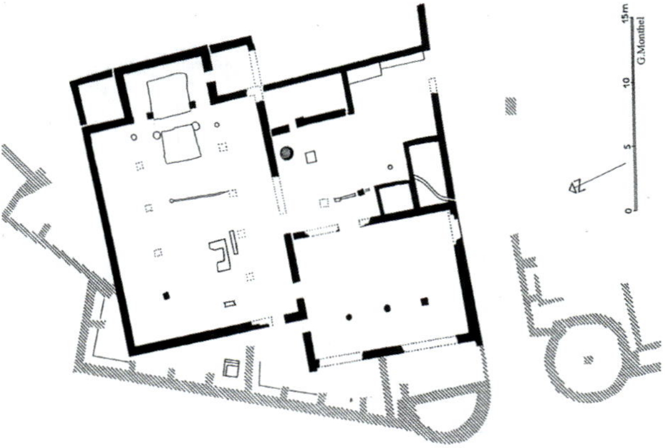

Abb.11: Grundriss der Kirchenanlage in Zilil (*Julia Constantia Zilil*) mit Vorhof, Nebengebäude und Basilika; zwischen der Stadtmauer und der Westwand kleines rechteckiges Taufbecken. (nach: Ant. Tardive 11, 2003, 168, Fig. 1 [Zeichnung G. Monthel]).

weitgehend, dass auch in Trier die „Südwestbasilika" in ihrer ersten Bauphase (II a) ein frühchristliches Kultgebäude gewesen sein muss, auch wenn ein Baptisterium in Trier für diese Zeit nicht nachzuweisen ist; vielleicht lag es in einer der die „Südwestbasilika" umgebenden, leider nur ansatzweise erfassten Annexbauten. Es war die Bischofskirche des Agritius (...314–330/335), der zur Zeit des Konstantin I. in Trier der Gemeinde vorstand. Der Trierer Bau enstand in einer „Experimentierphase“ des christlichen Kirchenbaues, als man noch auf der „Suche“ nach der geeigneten Form des christlichen Kultraums war; selbst die in Rom unter Konstantin und im Heiligen Land errichteten Kirchenbauten zeigen noch keinen einheitlichen Plan. Örtliche Gegebenheiten und lokale Bautraditionen haben wohl für eigene Baulösungen eine große Rolle gespielt. Das auf dem um 400 entstandenen und heute im Bardo-Museum in Tunis aufbewahrten Grabmosaik der Valentia aus Tabarka mit der Darstellung eines Kirchengebäudes vermittelt einen Eindruck vom Aussehen des Trierer Baues. (Abb. 12)

Abb. 12: Grabmosaik der Valentia aus Tabarka; Tunis, Bardo-Museum Inv. A 307.

Auch die spätestens mit der „Südwestbasilika“ an diesem Ort beginnende christliche Kultkontinuität, die im Dom und der Liebfrauenkirche bis heute währt, spricht dafür, dass es sich bei der „Südwestbasilika“ um die „Agritiuskirche“ handelt; nördlich von ihr befanden sich damals (im Bereich des heutigen Domfreihofes) weiterhin Wohnhäuser. Auf der östlich der Nord-Süd-Straße gelegenen Insula im Bereich des heutigen Doms und der Liebfrauenkirche stand das große Wohnhaus, dessen sogenannter „Prunksaal“ mit jener prachtvollen bemalten Decke ausgestattet war, die im Museum am Dom als herausragendes archäologisches Denkmal aufbewahrt

Zwischen 330 und 340 mussten nach Ausweis der in den Schuttverfüllungen und Laufschichten aufgefundenen Münzen die Fußbodenheizung der „Agritiuskirche" wohl wegen schlechter Heizleistung verändert und der gesamte Fußbodenestrich erneuert werden. Durch die Erweiterung des dreiteiligen Sanktuariums nach Osten war der gesamte Kirchenraum nunmehr etwa 132 römische Fuß (39,20 m) lang (Phase II b). Dabei wurde in diesem Bereich wohl auch die Deckenmalerei erneuert. (Abb. 15)

DIE „MONUMENTALISIERUNG" DER TRIERER KIRCHENANLAGE

Eine grundlegende Veränderung der bisherigen Gestalt und Funktion der „Südwestbasilika" erfolgte in der Phase III a (ab 335–etwa 350) in Zusammenhang mit der Erweiterung der Bischofskirche zu einer monumentalen Kirchenanlage, bestehend aus drei neuen Basiliken (Südost-, Nordost- und Nordwestbasilika). Mit der Beibehaltung der „Südwestbasilika" entstand ein H-förmiger Baukomplex aus vier basilikalen Räumen, die durch einen Quertrakt verbunden wurden; in der Mitte lag das Baptisterium mit seiner quadratischen, in der ersten Bauphase 65,5 qm großen Piscina (Taufbecken). (Abb. 16) Bei der im Zuge dieser Bauphase erfolgten Veränderung der „Südwestbasilika" wurde das dreiteilige Sanktuarium aufgegeben. Indem man die bisherigen Ostwände der Seitenschiffe und ebenso die Ostwand des Mittelraumes und der beiden Seitenräume öffnete, wurden von der Westwand der „Südwestbasilika" bis in den „Vierstützenraum" und bis hin zu dem mit einer Schrankenmauer abgeteilten Sanktuarium der „Südostbasilika" durchgehende Räume geschaffen. Die im Verputz dieser Mauerschranke (heute im Museum am Dom aufbewahrt) von den Kirchenbesuchern eingeritzten Bittgebete und Christogramme sind nunmehr ein eindeutiges

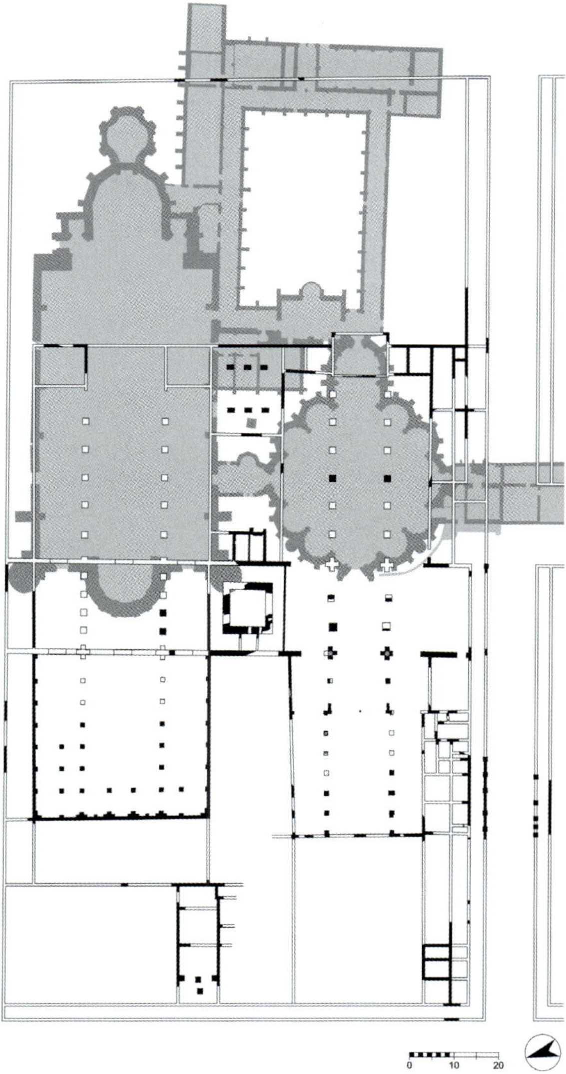

Abb. 16: Grundriss der Kirchenanlage der Zeit um 340.

archäologisches Zeugnis für die Trierer Kirchenanlage. Die Dreibogenkonstruktion am Übergang vom Mittelschiff zum Mittelraum des Sanktuariums der „Südwestbasilika" wurde aufgegeben; der neue Estrich bedeckt die Stützenfundamente und zeigt, dass auch die Stufen, die einst vom Mittelschiff zum höher liegenden Sanktuarium hinaufführten, aufgegeben wurden. Der in der Mitte aufgestellte und ehemals vom Estrich umschlossene Säulenschaft ist am oberen Ende zwar abgebrochen, könnte aber die Stütze eines Gabentisches gewesen sein. (Abb. 16; vgl. auch Abb. 1 und 4)

Abb. 17: Durchgehender, auf einem Niveau liegender Estrich vom Mittelschiff zum ehemaligen Sanktuarium; im Vordergrund vor dem „winkelförmigen" Mauerstück (Nordwand des ehemaligen Sanktuariums) freigelegte Hypokausten der älteren Heizungsanlage. Im Hintergrund Säulenstumpf (Rest einer Tischstütze ?). Blick nach Südost.

In der ehemaligen Ostwand der „Südwestbasilika" wurden zum „Vierstützenraum" drei mit Ziegelbögen überwölbte Durchgänge angelegt, im Mittelschiff 9,86 m breit und mit möglicher Scheitelhöhe von 10,80 m, in den Seitenschiffen je 6,36 m breit und wohl mit einer Scheitelhöhe von 6,50 m. (Abb. 18) Im Grabungsbereich ist die nördliche Mauerkante des Durchganges vom

Abb. 18: „Südwestbasilika" um 340 mit Blick nach Ost mit Gabentisch (?) in der Mittelachse.

südlichen Seitenschiff zum „Vierstützenraum" erkennbar. Hier zeigt sich auch, dass man ursprünglich die Bogenkonstruktion auf Säulen aufsetzen wollte, kam aber von dieser statisch höchst problematischen Lösung ab, indem man die vorgesehenen Säulen in Mauerpfeiler umwandelte. Von der südlichen Säule ist noch die Kalksteinbasis erhalten, der Säulenschaft hingegen später ausgebrochen und die entstandene Lücke mit Mauerwerk zugesetzt. Vom nach West abgehenden Wandpfeiler ist nur noch der stufenförmg abgearbeitete Sandsteinquader – ein wiederverwendetes Stück mit Rankenornament – erhalten, das einst aufgehende Mauerwerk abgetragen. (Abb. 19)

Abb. 19: Vermauerte Säulenbasis und Sandsteinsockel mit Rankenornament. Blick nach Ost.

Mit diesen Um- und Neubauten hatte offenbar die „Südwestbasilika“ ihre ursprüngliche Funktion als geschlossener eigenständiger Raum verloren. Das unter den Estrichen geborgene Fundmaterial datiert die Phase III a in die zweite Hälfte der 30er Jahre des 4. Jahrhunderts; in den 40er Jahren waren die Baumaßnahmen bereits beendet, wobei der Umbau der „Südwestbasilika“ wohl erst erfolgen konnte, nachdem die anderen Teile der neuen, nun aus vier Basiliken bestehenden Trierer Kirchenanlage fertiggestellt waren. Dieser, nunmehr zu den größten Kirchenanlagen des 4. Jahrhunderts gehö-

rende Baukomplex entstand, als Maximinus, Nachfolger des Agritius, Bischof von Trier (330/335–347) war. Es ist jene Kirchenanlage, die Athanasius von Alexandrien während seines ersten Exils in Trier in den Jahren 335–337 noch im Bau sah, denn vor Constantius II. rechtfertigte er sich gegen den Vorwurf, er habe unter Missachtung des Kaisers in der noch nicht vollendeten großen Kirche in Alexandria Gottesdienst gefeiert, durch den Hinweis, dass dies aus Raumnot auch schon früher geschehen sei, und fügt hinzu: *„Das geschah – ich habe es gesehen – auch in Trier, auch in Aquileia. Denn auch dort begingen sie den Gottesdienst an den Festtagen der Menge wegen in den noch im Bau befindlichen Gebäuden. Und sie fanden dort keinen derartigen Ankläger. Vielmehr hat sogar dein seliger Bruder in Aquileia an einem solchen Gottesdienst teilgenommen"* (Apologia ad Constantium 15).
Diese Monumentalisierung der Trierer Kirchenanlage mag aus der Konkurrenz der Söhne Konstantins entstanden sein. So versuchte Constantinus II. (337–340) wohl durch diesen Kirchenbau auch in seiner Residenz und seinem Herrschaftsbereich einen deutlichen Akzent zu setzen; nicht nur die Größe, sondern auch das Überbauen einer öffentlichen Straße sprechen für den kaiserlichen Einfluss. Zu bedenken ist auch, dass der am Kaiserhof hoch geachtete Bischof Maximin im gallischen Episkopat eine herausragende Rolle spielte und in diesem Kirchenbau eine Bekräftigung seiner Stellung sehen konnte. Wenn auch die christliche Gemeinde sich aufgrund der christenfreundlichen Politik der Kaiser wohl stark vergrößerte, waren die Ausmaße des neuen Kirchenkomplexes mit über 100 m Länge und 90 m Breite hinsichtlich des notwendigen Raumbedarfs wohl überdimensioniert.
Während der Umbauten der späten 40er und 50er Jahre des 4. Jahrhunderts und der Fertigstellung des sogenannten Quadratbaues im Bereich der „Nordostbasilika" unter den Kaisern Valentinian I. und Gratian waren in der „Südwestbasilika" offenbar keine Bauänderungen

vorgenommen worden. Doch gab es hier Anfang des 5. Jahrhunderts wieder eine signifikante Veränderung: In der bis dahin geschlossenen Westwand der „Südwestbasilika" wurde in den Seitenschiffen je ein Portal angelegt, die wohl von einem von zwei Portiken eingefassten Hof aus einen neuen Zugang von Westen boten; ein mögliches Mittelportal ließ sich wegen tiefer Ausbrüche nicht nachweisen. Neu waren auch die im Innenraum vor den Seitenportalen angelegten zweistufigen Treppen. (Abb. 20) Verändert wurde der Übergang von der „Südwestbasilika" zum „Vierstützenraum", denn die bisherigen großen Durchgänge wurden vermauert und in den ehemaligen Seitenschiffen nur noch 1,15 m breite Türen zum „Vierstützenraum" hin angelegt; im Bereich des ehemaligen Mittelschiffs befand sich eine 1,20 m breite Tür mit einer Türschwelle. Auf diese Weise wurde die „Südwestbasilika" durch die Aufgabe der sich zum „Vierstützenraum" hin öffnenden weiten Arkaden wieder zu einem eigenständigeren Raum mit unbekannter Funktion.

Abb. 20: „Südwestbasilika" der Phase III b mit Türöffnungen in der Westwand.

Die Veränderungen betrafen auch den „Vierstützenraum", der, wie auch das Baptisterium, nach den unter dem höher gelegten Fußboden befindlichen Brandschichten von einer Brandzerstörung betroffen war. Auch die Mittelschiffsdecke der „Südwestbasilika" musste teilweise erneuert werden, wobei diese Flickung und die Ergänzung der Malerei äußerst grob ausgeführt wurden. Im Baptisterium war die verputzte Decke komplett zerstört worden. Bei der Wiederherstellung verzichtete man auf eine Erneuerung des Deckenputzes; die Piscina wurde mit Kalksteinplatten ausgelegt. (Abb. 21) Für die zeitliche Einordnung dieser Phase sind die Verfüllung eines Wasserkanals mit brandgeschädigten Deckenputzstücken des Baptisteriums und die dazwischen gefundenen Münzen von besonderer Bedeutung. Es sind in der Mehrzahl Gepräge der theodosianischen Dynastie aus den Jahren zwischen 388 und 403; sie lassen vermuten, dass die Renovierungsarbeiten der Phase III b wohl zu Beginn des 5. Jahrhunderts nach einer großen Brandkatastrophe vorgenommen wurden, wahrscheinlich nach einer der vier durch Salvian von Marseille und anderen Quellen für die Jahre 410/411, 413, 419/420 und 435 überlieferten Eroberungen der Stadt Trier durch die Germanen. So konnten offenbar die bei einer dieser Eroberungen entstandenen Bauschäden zunächst noch beseitigt werden, ehe die Kirchenanlage infolge des sogenannten „Hunnensturms" des Jahres 451 oder gar erst beim Überfall der Franken im Jahre 455 endgültig zerstört wurde. Einen Hinweis dazu liefert vielleicht ein leider nicht in seinem Fundzusammenhang aufgefundener kleiner Münzschatz von sechs, teils stark fragmentierten Münzen des Valentinian III., die in Trier in den Jahren 425–455 geprägt wurden. Die auf dem Estrich liegende Zerstörungsschicht aus verkohlten Holzstücken, Deckenputzfragmenten mit Brandschäden und Dachziegelresten zeigt, dass die Kirchenanlage und so auch die „Südwestbasilika" erneut in einer Brandkatastrophe in Schutt und Asche sank. (Abb. 22)

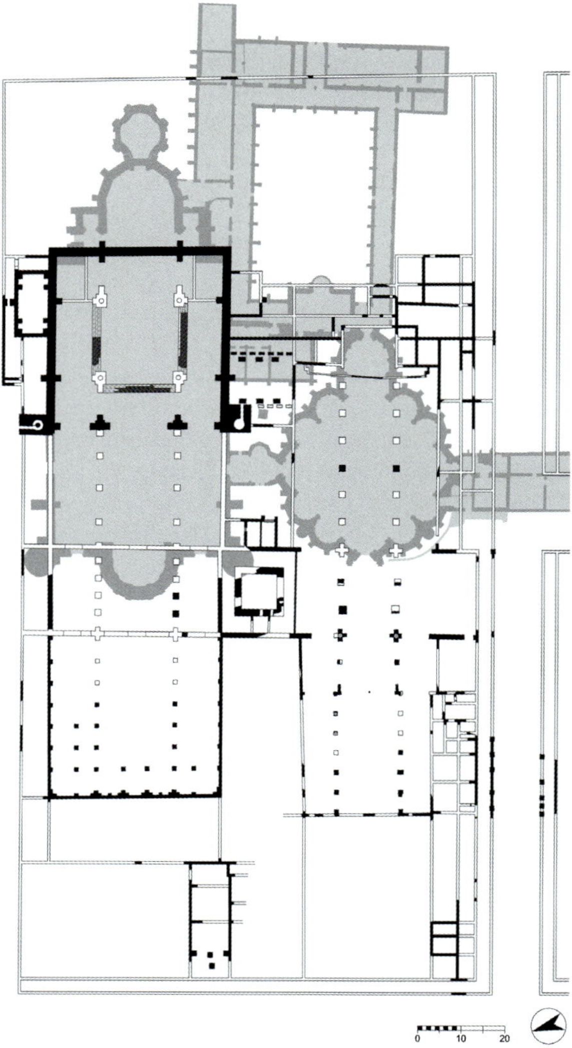

Abb. 21: Grundriss der Kirchenanlage der Zeit um 380 mit der Errichtung des sogenannten Quadratbaues; in der Westwand der „Südwestbasilika“ neu angelegte Portale.

Abb. 22: Modell der Kirchenanlage. Zustand um 380; im Vordergrund „Südwestbasilika".

DER WIEDERAUFBAU DER KIRCHENANLAGE UND DIE UMGESTALTUNG DES GELÄNDES DER „SÜDWESTBASILIKA"

Nach einer längeren „Trümmerphase" erfolgte erst unter Bischof Niketius (525/526–566) ein partieller Wiederaufbau der Trierer Kirchenanlage, denn die ehemalige „Südwestbasilika" wurde ausgenommen, nicht wieder aufgebaut und das Gelände über dem Zerstörungshorizont mit Bauschuttplanierungen eingeebnet; Teile der Außenmauern haben wohl noch längere Zeit aufrechtgestanden. (Abb. 23; vgl. auch Abb. 24, 27, 28 und 30) Der ehemalige östliche Abschluss der „Südwestbasilika" wurde als geschlossene, von Nord nach Süd verlaufende Grenzmauer gestaltet. Der ehemalige „Vierstützenraum" wurde ebenfalls über dem Zerstörungsschutt aufplaniert und als offener Hof gestaltet, das bisherige Baptisterium mit der quadratischen Piscina aufgegeben und östlich anschließend ein neues Baptisterium mit einer kreisrunden Piscina eingerichtet. Im Bereich der

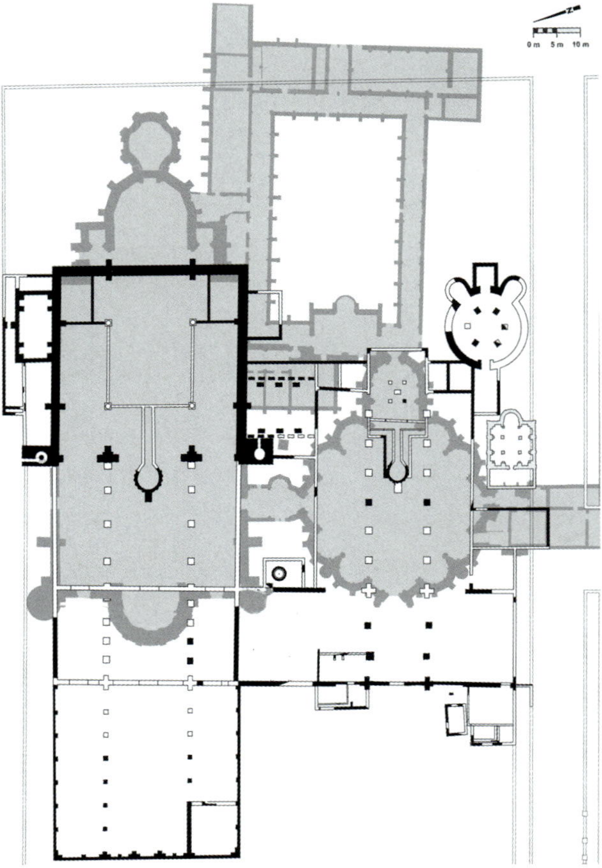

Abb. 23: Grundriss der Kirchenanlage der Zeit um 560 nach dem Wiederaufbau unter Bischof Niketius. Im Bereich der nicht wiederaufgebauten „Südwestbasilika" frühe Hausbauten.

„Südwestbasilika“ entstanden kleine Lehmmörtel-, Pfosten- oder Fachwerkhäuser aus Abbruchmaterial (Phase IV a). (Abb. 24)

Zwischen der zweiten Hälfte des 6. und dem 9. Jahrhundert (Phase IV b) wurde das Gelände der ehemaligen „Südwestbasilika“ mit weiteren Bauschuttplanierungen eingeebnet; Teile der Außenmauern der „Südwestbasilika“ haben wohl immer noch über das Laufniveau gestanden. Im nordöstlichen Teil des Grundstücks entstand ein in mehrere kleinere Räume unterteiltes, mindestens 12 m langes Haus; seine mit Lehmmörtel versetzten Mauern enthalten auch wiederverwendetes Material, darunter ein Fragment eines römischen Grabsteins. (Abb. 25)

Abb. 24: Nordöstliche Ecke eines Lehmmörtelhauses im südlichen Teil des Grabungsbereiches. Im Vordergrund Estrich der Kirchenanlage; in der Bildmitte über einer Schuttplanierung Estrichrest der späteren Remise der „Kurie von der Leyen“. Blick nach Südost.

Abb. 25: Fundament der Westwand des mittelalterlichen Fachwerkhauses (?) im nördlichen Teil des Grabungsbereiches. Im Vordergrund wiederverwendete römische Grabinschrift aus dem letzten Drittel des 2. Jahrhunderts. Die Mutter *Secundinia Romana* hatte sie noch zu ihren Lebzeiten für sich und ihre verstorbene Tochter anfertigen lassen. Unter der Inschrift die in ihrer Bedeutung nicht geklärte Darstellung einer Hacke (*ascia*). Blick nach Süd.

DER AUSBAU DER „DOMSTADT“

Die durch den Normannenüberfall des Jahres 882 verursachten Zerstörungen betrafen den gesamten Kirchenbereich und auch das umliegende Areal. Schon kurz danach und vor allem in der ersten Hälfte des 10. Jahrhunderts begannen die Trierer Bischöfe mit der Reorganisation der Trierer Kirche. Die Erfahrungen des „Normannenüberfalls“ waren wohl auch der Anlass zur Befestigung der „Domstadt“. Die Erzbischöfe Radbod (883–915) und Ruotger (915–931) bemühten sich um eine Instandsetzung der damals als Bischofskirche genutzten „Südostbasilika“, ehe Erzbischof Ruotbert (931–956) einen umfassenden Wiederaufbau der „Südostbasilika“ in Angriff nahm und 955 zum Abschluss brachte; die „Nordostbasilika“ mit dem „Quadratbau“ blieb hingegen zunächst noch als Ruine liegen. Im Bereich der ehemaligen „Südwestbasilika“ wurden die Hausbauten wiederhergestellt, teilweise erweitert und dienten nicht nur als Wohngebäude, sondern auch als Wirtschaftsgebäude verschiedenster Art (Werkstätten und Lagerhäuser) für die Bewohner der Domstadt. Ob damals auch schon der vom „Olewiger Bach“ abgezweigte „Weberbach“/Stadtbach zur Versorgung der Domstadt durch den Bereich der Liebfrauenstraße geführt wurde, ist möglich, doch durch Befunde nicht gesichert. Keramikfragmente, darunter auch solche früher Kugeltöpfe sowie ein in den Laufhorizont eingetretener, in den Jahren 855–869 geprägter Denar des Lothar II. geben einen Hinweis zur zeitlichen Einordnung der Phase V in das 9.–11. Jahrhundert. (Abb. 26)
Eine auch das Gelände der ehemaligen „Südwestbasilika“ betreffende Maßnahme war der Wiederaufbau des Domes unter Erzbischof Poppo (1016–1047) und seiner Nachfolger. Zur Gewinnung von Baumaterial, das angesichts der breiten Mauern in großer Menge nötig war, wurden auch im Bereich der ehemaligen „Südwestbasilika“ große Ausbruchgruben angelegt. Es wurden nicht

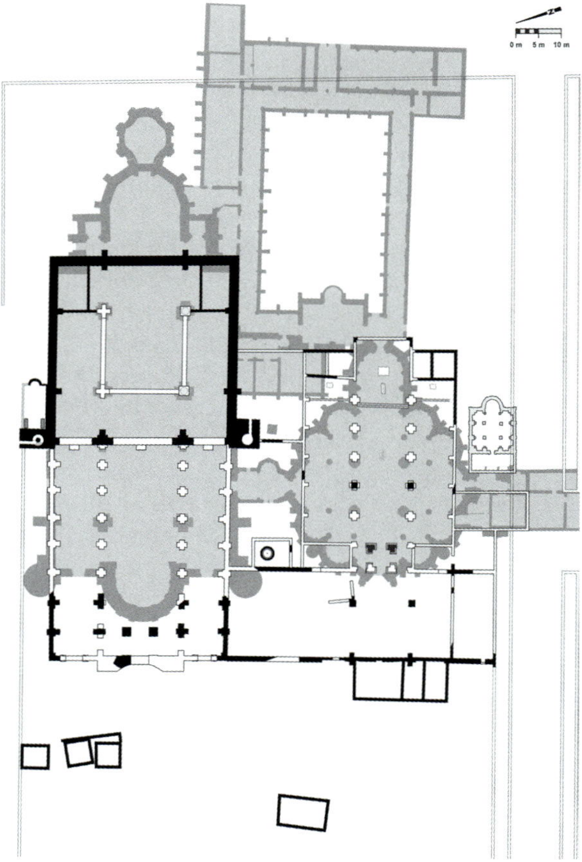

Abb. 26: Grundriss der Kirchenanlage der Zeit um 1000.

nur die römischen Mauern bis zu den Fundamenten ausgebrochen, sondern auch die anstehenden Sand- und Kiesschichten abgegraben. In der Grubenverfüllung wurden Reste von Holzbalken gefunden, die nach dendrochronologischer Analyse (Jahrringchronologie) wohl um 1022 gefällt worden waren und wohl zur Abstützung der Grubenwände dienten; sie belegen eine Datierung der Bauphase VI in das 11. Jahrhundert. Bemerkenswert ist auch die Verfüllung der schüsselförmigen Ausbruchgruben, denn Schichten von Bauschutt wechseln mit meist nur dünneren Schichten humoser Erde, durchsetzt mit Knochen und Keramikresten. Es lassen sich daran Bauzeiten während der „guten" Jahreszeiten und Bauruhephasen in den Wintermonaten ablesen, in denen die Ausbruchgruben wohl auch zur Entsorgung des Abfalls dienten.

DAS KURIENGEBÄUDE

Nach der Verfüllung der Ausbruchgruben und im Zuge des weiteren Ausbaus der Domstadt entstand im Bereich der „Südwestbasilika" ein Rechteckhaus, erhalten im romanischen Kern der heute noch stehenden „Kurie von der Leyen". Es gehört zu jenem Haustyp, der innerhalb der Domstadt in mehreren Beispielen für das späte 11. und 12. Jahrhundert vertreten ist. Dazu gehören neben einer größeren Garten- oder Hoffläche auch die im Grabungsbereich sichtbaren Stall- und Lagergebäude. Ihre grob ausgeführten Bruchsteinmauern sind unmittelbar auf den antiken Estrich gesetzt, zeigen verschiedene Bauphasen und sind unterschiedlich tief ausgebrochen. Neben der von Nord nach Süd verlaufenden Westwand des Gebäudes sind mehrere Zwischenwände erhalten, die eine Aufteilung in kleinere Räume zeigen. Teilweise besaßen diese Räume Stampflehm- oder Estrichböden. (Abb. 27) Dieser Kurienkomplex mit Haupthaus, den Stall- und Lagergebäuden sowie der Garten- und Hoffläche gehört zum Typus des Wirtschaftshofes (curtis). Er wird in den Quellen als *„antiquitus appellata de Eich"* erwähnt, in den Dompräsenzrechungen Kurie Corrig (Körrich, Kehrig) genannt und 1588 als Präsenzkellerei (*zur praesentz kellerey gebraucht*) bezeichnet.
Die Phase VII gehört in die Zeit nach der Errichtung des Domwestbaues (Fertigstellung erst unter Erzbischof Udo [1066–1078]) und vor den Baubeginn der gotischen Liebfrauenkirche im ersten Drittel des 13. Jahrhunderts.

Abb. 27: Nordwestecke der Remise der „Kurie von der Leyen“ mit Eckquaderung. Im Vordergrund Schuttplanierung auf dem Estrich der Kirchenanlage, abgedeckt von einer Steinlage eines frühmittelalterlichen Hauses. Am linken Bildrand Quadersockel der Kirchenanlage mit anlaufendem Estrich sowie Fundamentmauer des mittelalterlichen Fachwerkhauses (?). Blick nach Südost.

Während der Errichtung der Liebfrauenkirche unter Erzbischof Theoderich von Wied (1212–1242) bis zu ihrer Fertigstellung um 1260 war der Bereich östlich der „Kurie von der Leyen“ eine Großbaustelle; erst mit der Fertigstellung des Westportals der Liebfrauenkirche kann die Liebfrauenstraße als südlicher Zugang zum Domfreihof angelegt worden sein. Bestandteil dieses Straßenzuges war der Kanal des „Weberbaches“/Stadtbaches, dessen Existenz durch die 1212 bezeugte Domstiftsmühle im Verlauf der Liebfrauenstraße nunmehr sicher nachgewiesen werden kann. (Abb. 28) Von der Liebfrauenstraße kommend biegt der Kanal nach Westen ab, durchquert den Hofbereich, verläuft an der Nordseite des Kuriengebäudes, d.h. an der Südseite des Domfreihofes, und führt durch die Sternstraße in Richtung des Hauptmarktes. (Abb. 29) Der Mauerbefund des im Grabungsbereich sichtbaren Kanals weist mindestens zwei Bauphasen auf; zur letzten, 1721 vorgenommenen

Abb: 28: Nordwand der „Südwestbasilika" mit dem Ziegelbogen des Präfurniums (Heizungsfeuerung), darüber Schuttplanierung und Quaderlage des Weberbach-/Stadtkanals; im Vordergrund Estrich der Kirchenanlage, am rechten Bildrand mittelalterliche Sickergrube (?). Blick nach Nord.

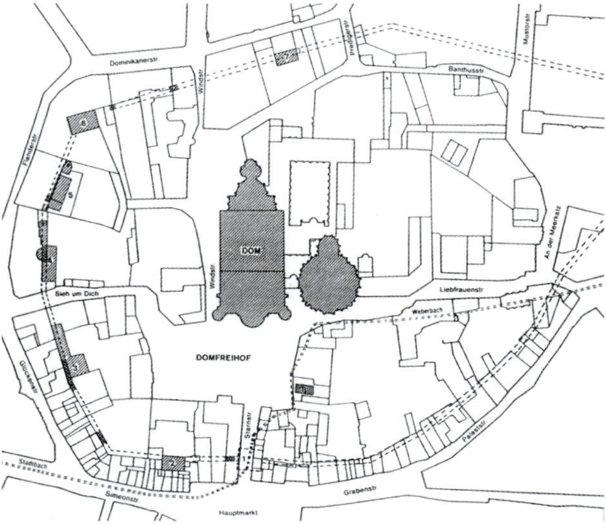

Abb. 29: Domstadt mit dem Verlauf des Weberbach-/Stadtbaches.

Teilerneuerung gehören die Kanalfassungen aus roten Sandsteinquadern und die aufsitzende Kanalwölbung. Münzfunde in der Verfüllung des Kanals zeigen, dass er bis zur Anlage der Kanalisation Anfang des zwanzigsten Jahrhunderts noch genutzt wurde. (Abb. 30)

Abb. 30: Weberbach/Stadtbachkanal. Über der Schuttplanierung Bachbett und Randfassung des mittelalterlichen Kanals, darüber die 1721 erneuerten Kanalwangen aus Rotsandsteinquadern mit Resten der Kanaleinwölbung im Hintergrund. Vorne die Abbruchkante der Nordwand der „Südwestbasilika", bedeckt von Schuttplanierungen; am rechten Bildrand Fundamentmauer des mittelalterlichen Fachwerkhauses (?). Blick nach Nordwest.

Die „Kurie von der Leyen" erlebte nach Ausweis spätgotischer Fenster und eines 1545 datierten Türsturzes im 16. Jahrhundert einen Um- und Erweiterungsbau. Der noch heute das Bild der Kurie von der Leyen bestimmende Umbau der Kurie wurde schließlich unter dem Kurfürsten Karl Kaspar von der Leyen (1652–1676) vorgenommen. Er hatte 1654 aus eigenen Mitteln die Kurie Zolvern, die heutige Dompropstei (Domfreihof 4), wiederherstellen lassen. Zur gleichen Zeit wurde auch die Kurie an der Südseite des Domfreihofes renoviert und erweitert, um sie nach dem Willen des Bauherrn *„zum Gebrauch und zur*

Wohnung der Kanoniker seiner Familie von der Leyen (de Petra)" einzurichten. Die Übereinstimmungen der Bauformen beider Kurien und das vielfach dargestellte Familienwappen unterstreichen diese Absicht des Kurfürsten, wenn auch eher selten Mitglieder der Familie von der Leyen dort gewohnt haben. Die Umbauarbeiten an der Kurie von der Leyen (Domfreihof 5) waren1656 vollendet. Zu den im 17. und 18. Jahrhundert vorgenommenen Baumaßnahmen der Phase IX gehören auch Gartenanlagen, die 1776 der Geometer und Architekt Johann Nikolaus Arnould (Arnold) im Auftrag des damaligen Kurieninhabers, des Domdechanten Philipp Franz Wilderich Nepomuk von Walderdorff, in einem kolorierten Grundriss mitsamt dem Kuriengebäude und der barocken Gartenanlage dargestellt hat. (Abb. 31)

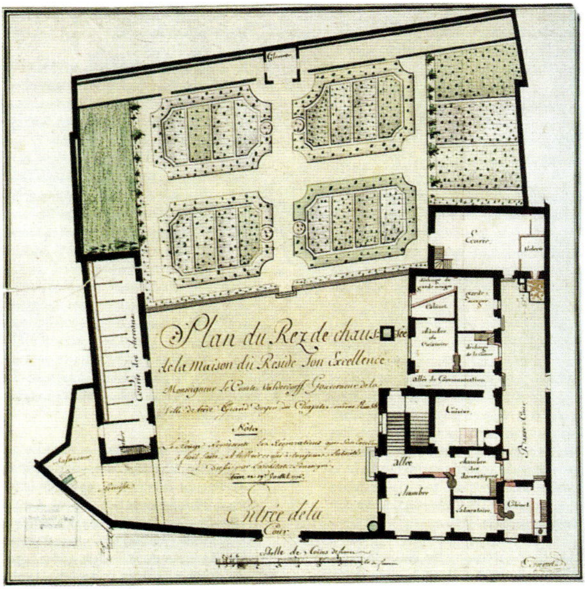

Abb. 31: *„Plan du Rez de Chaussée* (Erdgeschoss) *de la Maison du Reside Son Excellence Monseigneur Le conte Valderdorff, Gouverneur de la Ville de Trêves, Grand Doyen du Chapitre mème Nom. &&.".* Gezeichnet 1776 vom Architekten und Geometer Johann Nikolaus Arnould (Arnold). Privatbesitz.

Von der Bombardierung Triers im Zweiten Weltkrieg war auch das Gelände der „Kurie von der Leyen" betroffen; vor allem die Nebengebäude waren sehr stark zerstört worden und wurden bei Renovierungsarbeiten in den 1950er Jahren nicht mehr wiederhergestellt. Der Abriss der gegenüber der Liebfrauenkirche liegenden Häuserzeile und die Aufgabe des Stadtbaches erfolgte bereits anlässlich der Anlage der Kanalisation in den Jahren 1902/03. Mit dem Bau der Dom-Information im östlichen Teil des Gartens der „Kurie von der Leyen" (2003) erfuhr das Gelände eine neue Gestaltung.
Im denkmalreichen Trier ist der Baubefund unter der „Dom-Information" von herausragender Bedeutung. Er ist nicht nur ein wichtiges Zeugnis zur Geschichte der Trierischen Kirche, sondern ein überregional bedeutsames Studienobjekt, an dem die Entwicklung des unter Konstantin beginnenden frühchristlichen Kirchenbaues nachvollzogen werden kann. Ein kostbares Erbe, das es sorgsam zu bewahren gilt!

AUSGEWÄHLTE LITERATUR

H. HEINEN, Frühchristliches Trier. Von den Anfängen bis zur Völkerwanderung. Trier 1996.

Zum Aufenthalt des Athanasius in Trier:
H. HEINEN, Überfüllte Kirchen. Bischof Athanasius über den Kirchenbau in Alexandria, Trier und Aquileia. In: Trierer Theologische Zeitschrift 111, 2002, 194–211 (dort auch Übersetzung der Apologia ad Constantium).

Zu den Eroberungen Triers im 5. Jahrhundert:
H.H. ANTON, Trier im frühen Mittelalter. Paderborn 1987.

Zum Ausbau der Domstadt:
R. LAUFNER, Geschichte des mittelalterlichen Trierer Marktes bis ins 11. Jahrhundert. In: **H. EICHLER/R. LAUFNER**, Hauptmarkt und Marktkreuz zu Trier. Trier 1958, 47–49.

Zu den Grabungen und dem Kirchenbau:
W. WEBER, Die Anfänge des Trierer Domes. Die archäologische Erforschung der frühchristlichen Kirchenanlage im Bereich des Trierer Domes und der Liebfrauenkirche. In: Trierer theologische Zeitschrift 98, 1989, 147–155.

W. WEBER, Neue Forschungen zur Trierer Domgrabung. Die archäologischen Ausgrabungen im Garten der Kurie von der Leyen. In: **S. RISTOW** (Hg.), Neue Forschungen zu den Anfängen des Christentums im Rheinland. Jahrbuch für Antike und Christentum. Ergänzungsband, Kleine Reihe 2. Münster 2004, 225–234.

W. WEBER, „...dass man auf ihren Bau alle Sorgfalt verwende." Die Trierer Kirchenanlage und das konstantinische Kirchenbauprogramm. In: **M. FIEDROWICZ/G. KRIEGER/W. WEBER** (Hg.), Konstantin der Grosse. Der

Kaiser und die Christen – die Christen und der Kaiser. Trier 2006, 69–96.

H. MERTEN, Die Ausgrabungen in der Kurie von der Leyen (Südwest-Bereich). Teil 1 – Die Funde. Die Trierer Domgrabung, Band 2,1. Kataloge und Schriften des Bischöflichen Dom- und Diözesanmuseums Trier, Band VII. Trier 2006

W. WEBER, Die Ausgrabungen in der Kurie von der Leyen und der Liebfrauenstraße (Südwest-Bereich). Teil 2 – Die Befunde. Die Trierer Domgrabung, Band 2,2. Kataloge und Schriften des Bischöflichen Dom- und Diözesanmuseums Trier, Band VII. Trier 2016 (im Druck).

ABBILDUNGSNACHWEIS

WILLI BOSL, TRIER
Seite 6–7

BISCHÖFLICHES MUSEUM TRIER, PLANARCHIV
29

CARSTEN HENSCHEL, TRIER
18

RITA HEYEN, AMT FÜR KIRCHLICHE DENKMALPFLEGE TRIER
1, 4, 6, 7, 15, 17, 19, 24, 25, 27, 28, 30

ALBERT HILL, BISCHÖFLICHES MUSEUM TRIER
3, 5, 9, 13, 16, 21, 23, 26

RUDOLF SCHNEIDER, BISCHÖFLICHES MUSEUM TRIER
2, 8, 10, 22, 31

WINFRIED WEBER, TRIER
Umschlag, 12, 14, 20

DOM-INFORMATION

Liebfrauenstr. 12/Ecke Domfreihof
54290 Trier
Tel.: 0651/9790790
Fax: 0651/9790799
E-Mail: info@dominformation.de
www.dom-trier.de

Öffnungszeiten der Dom-Information

(Änderungen vorbehalten)

APRIL BIS OKTOBER UND ADVENT BIS 31. DEZEMBER

Montag–Samstag:	9:30–17:30 Uhr
Sonntag, Feiertag:	12:00–17:30 Uhr
24.–26.12., 31.12., 1.1.:	geschlossen

JANUAR BIS MÄRZ

Montag–Mittwoch:	10:00–17:30 Uhr
Donnerstag–Freitag:	9:30–17:30 Uhr
Samstag:	10:00–15:00 Uhr
Sonntag und Feiertage:	geschlossen

Rosenmontag geschlossen

Führungen durch die Ausgrabungen für Gruppen

nach Voranmeldung, nur während der Öffnungszeiten der Dom-Information möglich.
Dauer: 60 Minuten
Teilnehmerzahl: max. 20 Personen
aktuelle Preise unter www.dominformation.de

Führungen durch die Ausgrabungen für Einzelgäste

von Samstag vor Palmsonntag bzw. ab 1. April bis 31. Oktober jeden Samstag um 15.30 Uhr.
Die Karten sind im Vorverkauf in der Dom-Information oder unter www.ticket-regional.de erhältlich.
Keine telefonische Kartenreservierung.
Dauer: 60 Minuten
Teilnehmerzahl: max. 20

Winfried Weber

DIE ANFÄNGE DER FRÜHCHRISTLICHEN KIRCHENANLAGE IN TRIER

Bibliografische Information der Deutschen Nationalbibliothek
Die Deutsche Nationalbibliothek verzeichnet diese Publikation in der Deutschen Nationalbibliografie; detaillierte bibliografische Daten sind im Internet unter http://dnb.de abrufbar.

1. Auflage 2016

Umschlagabbildung: Dombereich mit dem Gelände der Kurie von der Leyen
Lektorat und Herstellung: Paulinus Verlag, Trier
Layout und Satz: Annette Massing
ISBN 978-3-7902-1828-2
www.paulinus-verlag.de